L'AVENIR VITICOLE

DE LA FRANCE

APRÈS LA GUERRE

LE VIN ET L'HYGIÈNE. — LE VIN AU FRONT

*Conférence faite, le 26 mars 1916, à l'Association française
pour l'Avancement des Sciences*

PAR

Pierre VIALA

Directeur de la " Revue de Viticulture ",
Professeur de Viticulture à l'Institut national Agronomique,
Inspecteur général de la Viticulture.

DEUXIÈME ÉDITION

PARIS
BUREAUX DE LA " REVUE DE VITICULTURE "
35, BOULEVARD SAINT-MICHEL

1916

... Française
POUR
l'Avancement des Sciences

L'Association Française pour l'Avancement des Sciences a été fondée ... sur ... lesquels se trouvaient ... Bert, ... Dumas, Friedel, tous ... ... national et de décentralisation scientifique ... ... de Paris à la province ... ... qui ... aux progrès de la Science ...

... faire partie de l'Association, d'avoir ... ... de croire que la grandeur de ... ... de la Science et de l'Humanité ...

... des membres ... les collectivités ... ... les Sociétés s'occupant d'une science ... ... Elles sont admises au même titre ... Elle ... moyennant une cotisation modique ... ... permettant de devenir Membre à vie.

... l'ambition de devenir le centre d'une sorte de ... ... dans laquelle les Sociétés affiliées peuvent ... ... Membres du Congrès, d'une organisation toute faite, sans ... ... admise de moindre atteinte.

... individuels (hommes, dames ou jeunes gens) sont nommés par ... ... de deux Membres de l'Association. Ils ont ... ... annuelle de 20 francs, ou peuvent devenir Membres à vie ... ... somme de 300 francs.

... pécuniaires sont légères ; au contraire, les avantages que ... ... sont nombreux et appréciables.

... Membres reçoivent le Bulletin trimestriel et les deux volumes ... ... du Congrès. Ils peuvent assister à la session ... ... dans une grande ville de France et participer aux ... ... sont accordées. Pour tous leurs déplacements, les ... ... de 50 0/0 sur les chemins de fer.

... française consiste à faire connaître les conquêtes ... ... par une direction appropriée et par des moyens ... ... enfin, à coordonner leurs efforts en ... ... les travaux sont présentés et discutés ... ... Science se fait par des ... ... province. Les sujets sont ... à des ... ... sont publiés et adressés à tous les ...

(suite page 3 de la couverture)

L'AVENIR VITICOLE

DE LA FRANCE

APRÈS LA GUERRE

LE VIN ET L'HYGIÈNE. — LE VIN AU FRONT

Conférence faite, le 26 mars 1916, à l'Association française
pour l'Avancement des Sciences.

DEUXIÈME ÉDITION

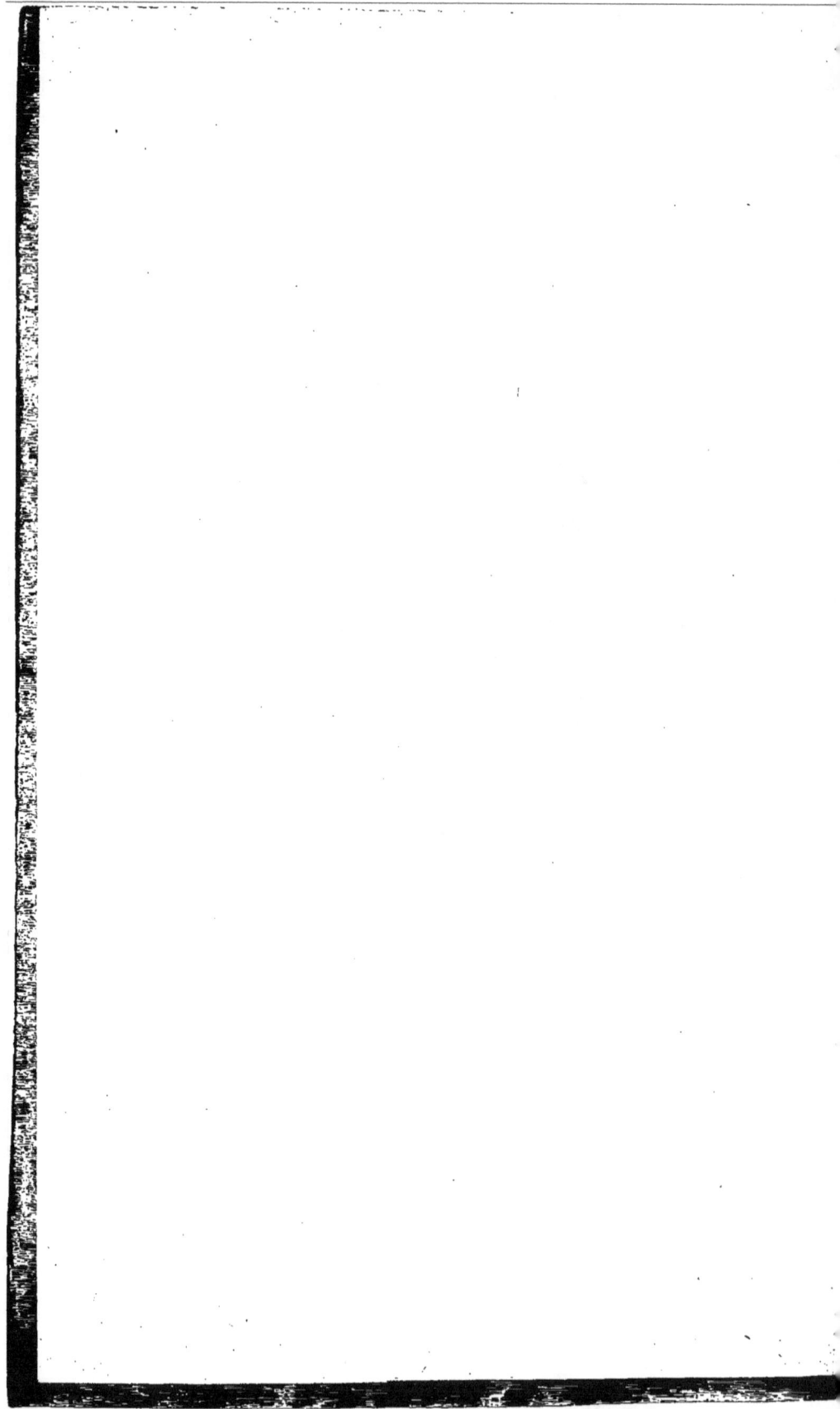

L'AVENIR VITICOLE

DE LA FRANCE

APRÈS LA GUERRE

LE VIN ET L'HYGIÈNE. — LE VIN AU FRONT

*Conférence faite, le 26 mars 1916, à l'Association française
pour l'Avancement des Sciences*

PAR

Pierre VIALA

Directeur de la " REVUE DE VITICULTURE ",
Professeur de Viticulture à l'Institut national Agronomique,
Inspecteur général de la Viticulture.

DEUXIÈME ÉDITION

PARIS

BUREAUX DE LA " REVUE DE VITICULTURE "

35, BOULEVARD SAINT-MICHEL

—

1916

L'AVENIR VITICOLE

DE LA FRANCE

APRÈS LA GUERRE

LE VIN ET L'HYGIÈNE. — LE VIN AU FRONT

Conférence faite, le 26 mars 1916, à l'Association Française pour l'Avancement des Sciences.

MESDAMES,
MESSIEURS,

La victoire définitive que l'héroïsme de nos enfants enlacera dans les plis du drapeau sauvera non seulement l'Humanité de la plus immonde Barbarie, mais elle maintiendra, avec le génie du sol et de la race, toutes les richesses sociales et matérielles de la France.

Le Boche triomphant aurait continué à frelater morale et produits. De l'une de nos plus belles richesses agricoles, la plus française, de nos inimitables produits de la vigne, de nos grands vins, il aurait de plus en plus germanisé, donc avili, la nature et les qualités. C'est avec l'opiniâtreté ardente, continue et sans scrupules, qui caractérise toute son évolution et tous ses actes, qu'il avait escompté et préparé son

Fig. 2. — Le vignoble de l'Ermitage.

Fig. 3. — La côte de l'Ermitage.

plus bas prix pour des produits aussi bons et aussi authentiques.

C'est là où commençait à percer la fourberie de la Kultur. La baisse des prix amenait un plus grand nombre de clients et constituait forcément une perte. Cette perte était voulue et escomptée ; elle payait la rançon de l'accaparement du consommateur. Puis, bientôt, le commerçant boche entrebâillait la porte à la fraude ; il ajoutait aux produits authentiques un peu d'un alcool quelconque d'industrie, n'élevait pas les prix qu'il avait baissés et entraînait le goût du consommateur à son produit meilleur marché. Bien plus, il continuait encore à baisser les prix en diluant, de plus en plus, le produit naturel dans ce mélange d'alcool d'industrie. Et, progressivement, il finissait par ne plus parfumer son alcool d'industrie que par un peu de cognac authentique, qu'il finissait même par remplacer par un produit chimique sorti de ses usines, scientifiquement étudié, et donnant l'illusion du produit naturel. Et les prix baissant toujours, en lui laissant cependant quand même un gros bénéfice commercial, il avait supplanté les maisons concurrentes et régnait seul sur la place commerciale.

Bien entendu, depuis le jour où il avait commencé à livrer du vrai Cognac jusqu'au jour où il remplaçait totalement le produit naturel par un mélange d'alcool et de produits chimiques, l'étiquette restait toujours la même sur la bouteille ; et l'acheteur avait l'illusion d'autant plus nette d'une livraison réelle du pays de production qu'il adressait toujours ses commandes à la maison mère du commerçant boche établie en un lieu quelconque de la région charentaise. Cette maison mère finissait par diminuer son train commercial dans le pays français, par réduire ses bureaux, ses employés, et, définitivement, ne laissait plus — avec, il faut le reconnaître, une connivence très condamnable — qu'une boîte aux lettres et un employé chargé d'expédier les commandes, reçues des divers pays étrangers, vers Hambourg et Cie, et chargé aussi de recevoir la correspondance faite sur les bords de l'Elbe et réexpédiée pour être

Fig. 4. — Transport de la vendange en Bourgogne.

mise à la poste au centre où ne restait, comme trace de la Maison commerciale, que la fameuse boîte aux lettres.

La reconnaissance de nos principes commerciaux, et surtout celle de la convention de Madrid, a toujours été rejetée par les Boches, et on voit pourquoi. Il faut dire qu'à cette louche action commerciale les Allemands ont apporté une propagande et une ardeur continues : relations, visites, réclame directe ou indirecte par leurs consuls, par leurs agents d'affaires, par leurs représentants plus ou moins diplomatiques, par leurs voyageurs de commerce multipliés de plus en plus et disséminés dans les plus petites bourgades du monde entier ; et ce sont là ceux des éléments essentiels de leur succès. Ils n'attendent pas, comme le font trop souvent nos commerçants français, que leur viennent directement les commandes et que leurs produits supérieurs s'imposent tout seuls ; ils allaient quérir les clients sur place, même dans les centres les plus éloignés, et, pour les entraîner, ne reculaient devant aucun moyen d'action. Dans ce premier commerce des eaux-de-vie, comme dans le commerce ultérieur des vins, ces moyens commerciaux leur ont permis de s'imposer. En outre de l'aide de leurs agents diplomatiques, ils ont eu aussi celle de leurs financiers qui ont organisé, dans le monde entier, des succursales destinées surtout à constituer des banques de crédit aux acheteurs de tous leurs produits industriels ou agricoles, pendant que nos grandes Sociétés financières, drapées dans leur haute dignité d'établissements d'émission, se réservaient le rôle de fournir aux pays étrangers des capitaux d'emprunts qui étaient ensuite drainés par les commerçants boches et pour leur seul profit.

Le commerce allemand a accaparé, on peut le dire, la plus grande partie de la consommation du « Kognac », de l'alcool frelaté et parfumé avec des liqueurs chimiques. Il a eu, heureusement, dans cette phase commerciale, à lutter, pour les produits authentiques, contre de grandes Maisons françaises et aussi contre certaines Maisons anglaises qui, avec l'habi-

Fig. 5. — La fin des vendanges en Bourgogne.

tude de la propagande commerciale, se sont vite
ressaisies et ont enrayé cette emprise du commerce
hambourgeois sur nos grandes eaux-de-vie. Mais, il
n'en est pas moins vrai que, pour les alcools courants
et communs, ils avaient à peu près anéanti le commerce français; et leur succès, il faut le dire bien
haut, outre leur habileté commerciale, était dû surtout à ce qu'ils ne se faisaient aucun scrupule de col-
ler sur les bouteilles qu'ils livraient des étiquettes et
des noms français.

Fig. 6. — Bourgogne. Les vignes à Nuits-Saint-Georges.

Après ce premier essai de fraude mondiale sur les
Cognacs, le Boche a porté ses ambitions sur toute la
production vinicole française et a cherché à faire de
Hambourg, de Munich et des villes hanséatiques le
centre du commerce vinicole du monde. Il a continué
à exercer son action néfaste sur un des vins dont la
renommée mondiale était la plus étendue, dont le
commerce allait de jour en jour en grandissant et
dont la primauté française n'était contestée nulle
part. Le Champagne lui paraissait, encore plus que

le Cognac, avoir une extension et une valeur commerciale indéfinies. Mêmes procédés, mêmes actions, nous les retrouverons toujours : établissement de Maisons allemandes en Champagne, création de marques qui, par l'habileté avec laquelle elles étaient conçues, et même par l'honnêteté primitive qu'elles couvraient, s'imposaient à côté de nos grandes marques françaises. Vins parfaits au début, pouvant lutter sur le marché, car ils étaient récoltés en Champagne même, vinifiés avec les produits des meilleurs crus; lutte commerciale, d'abord droite, ensuite tor-

Fig. 7. — Côte de Corton (Bourgogne).

tueuse; enfin, réclame faite pour ces marques allemandes, favorisées comme toujours, sur les lieux mêmes de vente, par tout ce qui était plus ou moins germain.

Puis, le commerce, concentré tout d'abord en France, était progressivement ramené dans les grands centres allemands, et l'expédition, avec les étiquettes françaises sur les bouteilles, contenant d'ailleurs encore des produits réels français, avait lieu des ports de Hambourg. Brème, etc. Et alors commençaient le système du mélange des vins de qualité d'abord avec des vins inférieurs, l'abaissement des prix de vente aux consommateurs, la lutte par ces prix contre les Maisons concurrentes. Le Champagne vrai ne devenait bientôt plus qu'un accessoire dans la bouteille qui gardait cependant toujours son étiquette d'origine. Les prix baissaient de plus en plus, et on finissait par entraîner le consommateur à des vins de moins en moins vins de qualité, de moins en moins d'origine, de plus en plus mélangés de liquides sucrés fermentés, tels que jus de pommes, jus de poires, etc., associés avec des raisins de Suisse et du midi de la France (Aramon, etc.). Le prix de vente baissait avec le prix de revient, et l'emprise commerciale devenait ainsi absolue et définitive. Mais, ces grosses Maisons de Hambourg et de Brême ou de Munich gardaient le semblant de pudeur d'avoir encore dans leurs magasins des approvisionnements de crus authentiques, souvent les plus grands crus des meilleures années, pour pouvoir les livrer au besoin et se donner ainsi un semblant d'honnêteté commerciale.

Ces trafiqueurs étaient même arrivés, dans ces grandes usines hanséatiques, à fabriquer des quantités énormes de liquide mousseux, soi-disant vin de Champagne, qu'ils livraient jusque dans les plus lointains pays de l'Asie et de l'Afrique à des prix inférieurs, d'autant plus bas d'ailleurs que leur marine marchande leur permettait une exportation à bon marché et que les encouragements de toutes sortes leur étaient donnés par l'Empire germain.

Il est quelques chiffres qui sont très typiques à ce point de vue. L'Allemagne avait importé jusqu'en 1910 plus de grands vins mousseux d'origine, pris en Champagne, qu'elle n'en avait exporté. Ainsi, son importation pour 1910 — et elle avait été en progressant jusqu'à ce moment-là — était arrivée à 1.744.986 bouteilles, représentant une valeur de plus de 10 millions de francs. Dès 1911, l'importation va en baissant d'environ un tiers; elle était par exemple, en 1911, de 1.040.472 bouteilles et se maintenait à peu près à ce chiffre en 1912. Or, en 1909 par exemple, contre une importation de 1.514.713 bouteilles, on notait une

exportation, comme grands vins de Champagne, de
1.187.890 bouteilles; mais, en 1911, l'exportation dépassait de 300,000 bouteilles l'importation, et cette
différence se maintenait les deux années suivantes.
L'Allemagne était donc arrivée à vendre plus de
vins, comme grands vins, qu'elle n'en achetait en
France, et cette progression se serait continuée, si la
guerre n'avait pas été déchaînée.

Fig. 8. — Vignobles du Mâconnais (avec le rocher de Solutré).

Mais ce n'est pas tout. A côté de ces vins de qualité relative et authentique, l'Allemagne exportait en
outre, en 1912, dans le monde entier, plus de 20 millions — nous insistons sur ce chiffre — de bouteilles
étiquetées « Champagne » et qui étaient un mélange
de toutes sortes de boissons mousseuses, souvent
même de simples liquides sucrés, provenant surtout

2

de pommes achetées en Normandie, et gazéifiés. Mais, comme sa domination commerciale s'était établie partout, elle imposait ses pseudo-vins, qu'elle fabriquait à très bas prix, et accaparait ainsi le commerce. Ce commerce du Champagne fut un des grands succès des Allemands dans ces dernières années. Nos Maisons françaises avaient lutté activement; mais leur honnêteté commerciale, si elle leur avait permis de maintenir toujours le premier rang dans les grands vins, n'avait pu les défendre dans la lutte pour les vins communs, encore moins dans la lutte pour les vins d'imitation que leur tempérament de Français ne leur permettait même pas d'entreprendre.

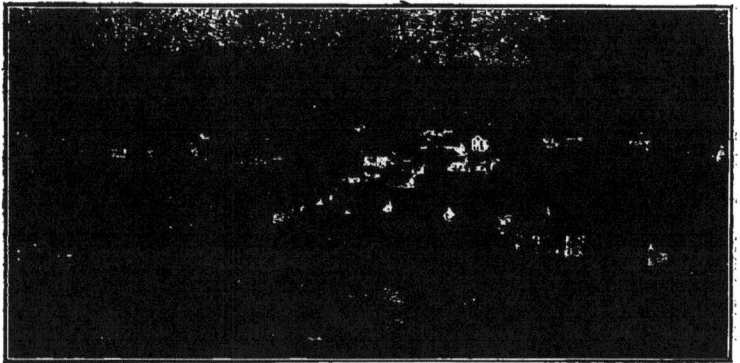

Fig. 9. — La côte chalonnaise à Bourgneuf-Val-d'Or et Mercurey.

Avec le mensonge de l'étiquette et du produit, ce gros succès commercial des Allemands avait fait naître dans leur esprit les ambitions les plus effrénées; et ils ne voyaient rien moins, dans le résultat de la victoire qu'ils escomptaient, que la prise de possession définitive et le rattachement à la Germanie de notre Champagne viticole. C'est pour cela qu'à leur première chevauchée à travers les beaux coteaux de Verzy, de Verzenay, d'Epernay, d'Avize, ils avaient respecté le moindre cep de vigne dans ces vignobles fameux, qu'ils considéraient comme leur prochaine propriété. Et ce n'est que lorsque la poussée de nos armées leur a fait comprendre, à la bataille de la Marne, que jamais plus ils ne poseraient le pied sur cette terre française que, la rage au cœur, ils ont anéanti, en bien des endroits, ces vignobles dont le rêve de possession était pour eux dissipé.

Fig. 10. — Clos Vougeot (Bourgogne).

Plus récemment, leur ambition commerciale s'était portée sur un autre de nos grands vignobles. Ils avaient rarement mordu sur la Bourgogne, mais leur dévolu s'était jeté sur le vignoble girondin. Les Maisons de Munich, surtout, et celles des villes hanséatiques avaient, depuis quelques années, accaparé certains grands crus de la Gironde, et cela avec une habileté commerciale qu'il faut reconnaître. Ils avaient acheté tous les vins de certains grands crus pour les meilleures années, à tel point que pour les avoir il fallait aller les chercher non à Bordeaux mais à Hambourg. Peu à peu, ce système avait été par eux développé, et ils avaient ainsi étendu leur emprise commerciale, passant des Cognacs aux Champagnes, des Champagnes aux grands vins rouges. La fraude était sans doute plus difficile avec ces grands vins rouges que celle qu'ils avaient établie pour leurs vins du Rhin, dont un battage et une réclame effrénés avaient étendu la renommée partout et surtout en Angleterre : vins du Rhin qu'ils avaient fait pulluler d'une façon fantastique jusqu'à vingt et cinquante fois pour certains crus. Mais cette difficulté n'était pas pour les gêner ; et il est certain que, si la guerre ne les avait pas arrêtés dans cette nouvelle voie, ils auraient recommencé tout leur système successif d'accaparement commercial d'abord, de fraude ensuite.

Et un fait nouveau s'était produit. Jusqu'alors, c'était la Maison commerciale qui, seule, s'était implantée d'abord en France et avait dévié ensuite le commerce établi vers l'Allemagne. Mais, en Gironde, on voyait déjà quelques Boches acheter des propriétés, non les grands crus, mais des marques assez connues, les posséder en toute propriété et les exploiter. Leur but était sans doute de créer des sources à étiquettes de vins qu'aucun commerce n'aurait jamais pu tarir par la suite.

Cette continuité de l'effort boche sera, sans nul doute aussi, anéantie par la victoire de nos soldats. Mais si la guerre n'était survenue, nous n'aurions jamais pu imposer à l'Allemagne l'honnêteté commerciale, la garantie d'origine des produits et celles des marques Et, par suite, il faut bien le reconnaitre, de l'inertie trop fréquente de nos commerçants français, les Allemands auraient accaparé le commerce des vins dans le monde entier et nous n'aurions été que leurs simples fournisseurs. Si la guerre avait couronné leur désir, non seulement ils avaient le projet de nous prendre la Champagne et une partie de la Bourgogne, mais aussi — et ce rêve était réfléchi — nos colonies de l'Afrique du Nord. Dans ces colonies, ils n'ignoraient pas que l'extension possible de la culture de la vigne en Algérie est très grande encore, et ils savaient surtout que le Maroc, avec ses climats variés, pouvait permettre la création d'un

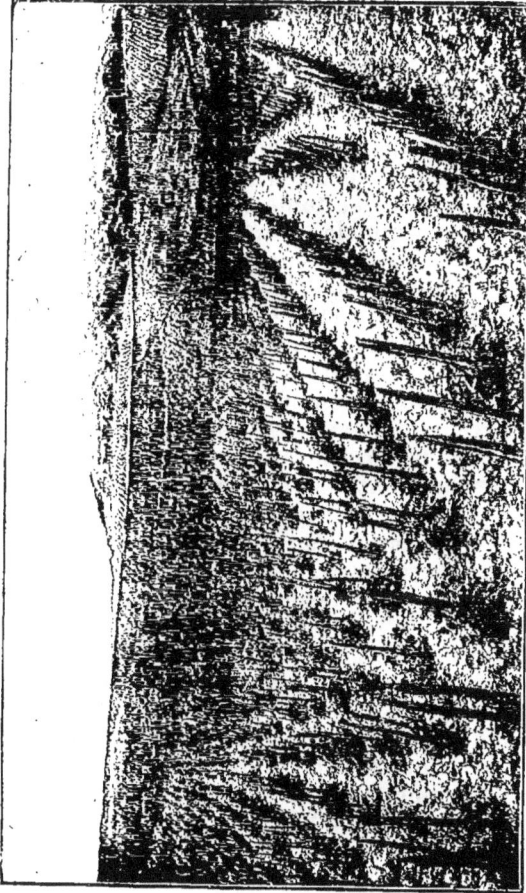

Fig. 11. — Le vignoble de Vaudésirs, à Chablis (Yonne).

vignoble immense à des altitudes variées, donnant des vins communs sans doute, mais pouvant aussi produire des vins variés qui leur auraient servi de base pour la fabrication et l'imitation de tous les crus dans leurs usines commerciales. Leur victoire eût été pour tous nos vignobles, et même pour le vignoble méridional, le levier puissant d'une lutte vinicole désastreuse pour notre viticulture et l'origine de son anéantissement.

Il faut reconnaître qu'à côté de ces ambitions effrénées et de ce système de malhonnêteté, réfléchie et voulue, qui caractérise toute la kultur, les Germains ont eu une remarquable opiniâtreté dans la poursuite de leurs ambitions et une continuité sans défaillance pour la réalisation du but poursuivi.

Ils connaissent les goûts, le tempérament, les habitudes des consommateurs, aussi bien pour les vins que pour les autres produits, et ils savent flatter goûts et habitudes, ne jamais les heurter. Pour les vins, par exemple, les voyageurs de commerce vont solliciter d'une façon continue, sur place, même dans les pays les plus lointains, les consommateurs; ils ne craignent pas de dépenser, et de dépenser beaucoup, pour faire prévaloir leurs marchandises. S'ils savent acheter les consciences, ils savent aussi encercler toutes les coutumes et les habitudes. Ainsi, quand ils livrent du vin, ils sont souvent présents au moment de la livraison; ils donnent des conseils pour soigner ces vins, pour les présenter; ils suppriment à l'intermédiaire, à l'acheteur, au consommateur, toute peine et toute difficulté. Et il me revient un souvenir qui est très typique à ce point de vue. Quand, en 1887, à la suite d'explorations, je m'arrêtai dans un centre alors perdu du Texas, à San Antonio, je demandai à un restaurateur une bouteille de vin français; on me servit les meilleures marques authentiques des plus importantes maisons de la Gironde, de la Bourgogne, vins de coteaux et de crus classés : tous, sans exception, étaient ou cassés, ou tournés, ou piqués. Devant mon observation, le restaurateur m'offrit une bouteille de vin du Rhin; il était parfait, même sous ce

Fig. 12. — Le vignoble de Vouvray.

climat extrêmement chaud du sud du Texas. Je lui en demandai la cause, et il me montra que, sur les indications du voyageur de commerce des vins du Rhin, un Boche, ces vins étaient conservés dans le seul sous-sol qui existait dans l'hôtel, pendant que les vins français étaient mis dans des armoires, dans la salle à manger, à une température de 30° à 35° pendant l'été. Le voyageur de commerce allemand passait tous les trois mois, surveillait les vins du Rhin livrés et donnait des conseils; on n'avait jamais, mais jamais, vu aucun voyageur français.

Ce sont ces procédés que nous devons imiter, et il ne faudra pas nous endormir, comme jadis, dans la confiance béate de la supériorité de nos produits; il ne faudra pas attendre qu'on vienne les chercher chez nous et croire qu'à cause de leur supériorité nous ne devons prendre aucune peine pour les disséminer et les imposer auprès du consommateur.

*
* *

Les Boches, qui ne pouvaient, avec leurs petits vins des bords du Rhin, produits en si faible quantité, se livrer à un commerce important, étendaient, comme nous venons de le dire, leur emprise commerciale sur tous les vignobles français. Ils connaissaient admirablement nos vignobles; leurs voyageurs les sillonnaient en tous sens chaque année, en étudiaient les moindres variations et les moindres détails, et avaient une connaissance souvent plus parfaite de nos richesses viticoles que beaucoup de Français.

Cette richesse viticole est d'ailleurs trop souvent ignorée, surtout à Paris, et il me sera permis, par suite, de rappeler ici les bases essentielles qui doivent maintenir et assurer l'avenir de la viticulture française après la guerre, lorsque, aidée par le commerce, elle imposera contre les Boches ses procédés d'honnêteté commerciale et ses produits inimitables.

L'apogée de la richesse viticole française a eu lieu

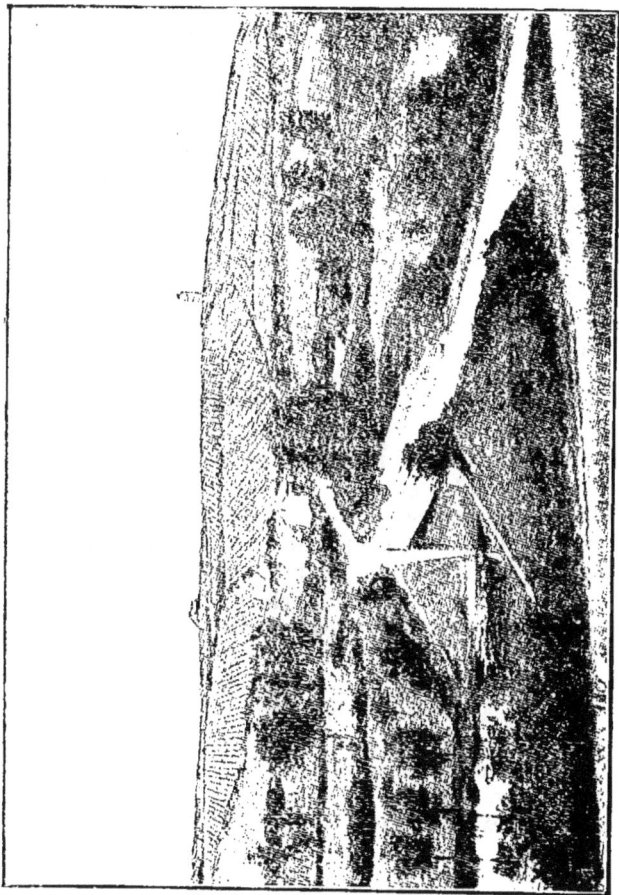

Fig. 13. — Coteaux de Layon (Maine-et-Loire).

en 1875. La culture de la vigne s'étendait, cette année-là, sur 2.500.000 hectares; la production était de 83 millions d'hectolitres, et le produit brut total, de 2.500 millions de francs, dépassait le quart du produit total agricole sur la seizième partie du sol cultivable et représentait une valeur foncière de 15 à 20 milliards. A ce moment commençaient à se créer nos vignobles de l'Afrique du Nord. Et l'on sait quel levier puissant a été la culture de la vigne pour la colonisation de l'Algérie; c'est elle qui a été la base essentielle de l'essor de toute la colonisation; c'est grâce à elle que notre colonie africaine a connu une prospérité dont on ne retrouve exemple dans presque aucune autre colonie étrangère. En cette année 1875, Jules Guyot estimait que le commerce des vins et la culture de la vigne occupaient une population de 7 millions d'habitants.

Cette richesse viticole de la France a été mise en relief par le désastre phylloxérique qui a anéanti un capital foncier supérieur à 15 milliards, fait disparaître la vigne de terrains qu'on a dû laisser incultes, où aucune autre culture ne pouvait donner de bénéfices, et qui a forcé, en bien des régions, la population à émigrer dans une proportion d'un tiers ou de moitié. C'est là une preuve évidente que la vigne peut nourrir, sur une même surface, deux ou trois fois plus de population que les autres cultures.

A celle du désastre phylloxérique, une nouvelle preuve de la richesse que donne la vigne au sol français a été ajoutée par la crise économique de 1900 à 1910 : même chute de la valeur foncière, même émigration de la population, même perte possible du capital foncier. Crise phylloxérique, crise économique ont été enrayées et résolues, grâce à la ténacité et à l'esprit de progrès des viticulteurs français. La fraude a été jugulée comme l'insecte, et de ces crises, dont on ne retrouve pareil exemple dans aucune autre culture, sont résultés, comme à la suite de tous les grands cataclysmes, des progrès sociaux et techniques qui ont transformé la viticulture, grâce au génie français.

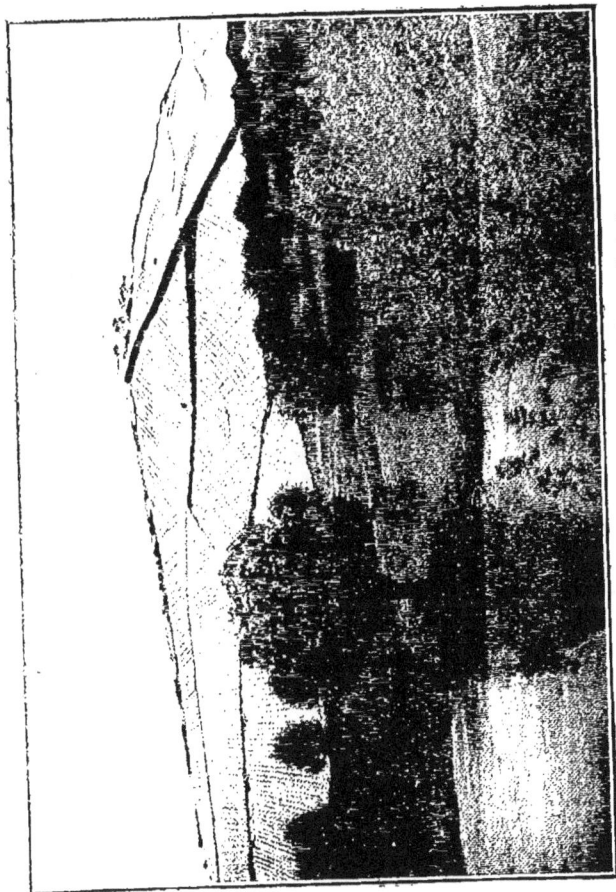

Fig. 14. — La Coulée de Serrant (Maine-et-Loire).

Les améliorations ont été continues dans l'outillage, dans la culture, dans l'organisation technique du vignoble, qui a été amené à un point de perfection tel que les pays viticoles du monde entier ont continué et continuent à prendre exemple sur les méthodes et sur les systèmes français. La création du matériel viticole et vinicole et ses progrès sont l'œuvre exclusive de nos constructeurs français. Et c'est là un fait à affirmer hautement, et qui est bien contraire à celui que nous devons malheureusement noter dans l'outillage et la machinerie agricoles, dont presque tous les perfectionnements et les créations nouvelles ont été faits ailleurs qu'en France. Nos constructeurs ont toujours maintenu la première place pour les appareils et les machines vinicoles, comme les viticulteurs ont su toujours sauvegarder la suprématie de leurs produits.

Ce monopole de la construction et de l'exportation des machines viticoles et vinicoles a été, comme celui de nos vins, attaqué par les Austro-Boches, et les mêmes procédés déloyaux leur avaient permis de nous supplanter dans beaucoup de pays, surtout dans les régions vignobles des Balkans. Pour les appareils de traitement de la vigne, ils nous avaient presque chassés de la Grèce, de la Roumanie, de la Bulgarie. Leurs banques de crédit, établies sur place, avaient sans doute été un des éléments de leur succès; mais la contrefaçon des appareils de nos meilleurs constructeurs, pour les pulvérisateurs et les soufreuses par exemple, avait été poussée à l'extrême. Ils ne se contentaient pas de reproduire des organes de machines, mais ils collaient encore l'étiquette de nos constructeurs en modifiant une simple lettre dans l'intérieur du mot! Et, comme ils livraient ces appareils de construction inférieure à meilleur marché, qu'ils les faisaient présenter par leurs voyageurs, ils supplantaient vite les machines françaises. Le respect et la défense des brevets sera une des clauses que nous devrons, avec la victoire, imposer le plus rigoureusement non seulement aux Austro-Boches, mais aussi à certains pays neutres qui, comme les Germains, avaient trop pris l'habitude des contrefaçons.

Le capital que représente la vigne dans la richesse foncière de la France est plus important encore, considéré au point de vue social, par suite des frais annuels de main-d'œuvre, qui sont plus élevés que ceux de toutes les autres cultures. La dépense par hectare, le prix de la journée de travail sont supérieurs à ceux que l'on peut noter en agriculture et donnent par conséquent à la main-d'œuvre des salaires inconnus ailleurs.

Fig. 15. — Le vignoble à Saint-Émilion (Gironde).

En outre, le commerce des vins est, ou était du moins, une source de grande richesse d'exportation pour la France. En 1875, nous exportions plus de 4 millions d'hectolitres de vin qui faisaient rentrer dans les caisses de la France près de 500 millions de francs. La Champagne seule, sur une production de 39 millions de bouteilles, en exporte annuellement 26 millions, soit pour près de 175 millions de francs. La crise phylloxérique abaissa cette exportation; la fraude l'accentua encore et, en 1911, notre exportation était réduite à 1.500.000 hectolitres ; elle avait baissé des deux tiers, et le Boche a joué un rôle important dans cette diminution de l'exportation vinicole française. C'est surtout vers la reprise de notre commerce mondial des vins que tous nos efforts doivent tendre après la victoire.

Sans doute, l'année 1875 a été l'année la plus prospère par ses résultats généraux, et cette prospérité, quoique enrayée par la crise phylloxérique et la réfection du vignoble de 1878 à 1888, a repris progressivement. En 1912, la culture de la vigne s'étendait, Algérie comprise, sur 1.700.000 hectares et donnait encore près de 2 milliards de francs de produit brut. Ce sont ces chiffres de l'enquête de 1912 que je veux comparer avec ceux des autres grandes cultures françaises pour bien situer la place de la viticulture dans l'agriculture nationale.

En cette même année 1912, le froment, cultivé sur 6 millions et demi d'hectares, donnait un produit brut total de 2 milliards et demi, sur une surface emblavée par conséquent trois fois supérieure à celle de la vigne. C'est la seule grande culture dont le produit total soit supérieur, et encore seulement d'un cinquième, à celui de la vigne ; toutes les autres grandes cultures apportent, comme richesse annuelle, à la France des sommes inférieures. Ainsi l'avoine, sur 4 millions d'hectares cultivés, produit 1 milliard 91 millions de francs ; les prairies naturelles, sur 5 millions d'hectares, donnent 1 milliard 340 millions ; les pommes de terre, sur une surface cultivée à peu près égale à celle de la vigne, donnent 1 milliard 90 millions ; le capital espèce bovine, avec ses 14 millions de têtes, est inférieur au capital viticole.

Enfin, il est une culture sur laquelle je veux plus spécialement fixer l'attention, culture qu'on considère souvent dans les milieux parisiens comme l'égale de celle de la vigne : c'est celle de la betterave à sucre qui, en 1912, sur 260.000 hectares cultivés au total, donnait un produit brut de 215 millions de francs, représentant à peine un dixième du produit de la vigne et égalant au plus, comme surface cultivée, celle

qu'occupe la vigne dans le seul département de
l'Hérault.

La vigne vient donc après le froment, comme im-
portance agricole en France ; c'est une richesse et un
capital dont l'avenir doit être garanti et assuré.

*
*   *

Cet avenir est assuré. Nous avons, en effet, le monopole et la suprématie de tous les grands vins, et nous

Fig. 16. — Vignobles du Médoc. Une équipe de sulfateurs
sur une croupe médocaine.

savons aujourd'hui que dans aucun autre pays il
n'est possible d'arriver à égaler, même de loin, nos
grands crus. D'autre part, la consommation du vin,
malgré les luttes qu'on a faites contre elle, prend une
extension de plus en plus grande dans le monde
entier. Suprématie de nos vins, extension de la consommation sont les deux éléments qui garantissent
cet avenir et qui assurent la prospérité continue de la
viticulture française.

On a cherché, en bien des pays, à imiter, par nos procédés de culture, la production de tous nos grands vins. Les tentatives faites ont toujours échoué. Qu'il me suffise de rappeler les échecs qui ont été obtenus en République Argentine, au Chili, et surtout en Russie, où, en Bessarabie, en Crimée et au Caucase, dans les vignobles les plus officiels et les mieux conduits, on a cherché, en employant tous nos systèmes culturaux, à égaler nos grands vins français de Bourgogne, de Bordeaux, de Champagne; et, encore, en Russie où, dans le Gouvernement d'Erivan, comme jadis dans les terrains crayeux du Texas, on a tenté sans succès d'égaler nos grandes eaux-de-vie françaises.

Pour cela, on a pu trouver les terrains comparables aux sols de la Bourgogne, de la Gironde, de la Grande-Champagne de Cognac, de la Champagne de la Marne. Dans ces sols, on a importé nos variétés de vignes françaises, nos cépages à grands vins; on leur a appliqué les mêmes systèmes de culture et de vinification. On a donné aux vins produits les mêmes soins; et on n'a obtenu que des produits qui ne rappelaient même pas de très loin les qualités de nos grands vins français.

Ceux-ci restent toujours notre apanage exclusif; les faits l'ont bien démontré, et tous les viticulteurs des pays étrangers, qui n'ont pas la mentalité boche, reconnaissent qu'ils ne peuvent ni imiter honnêtement, ni même approcher les qualités de finesse, de bouquet et de constitution de cette gamme de grands vins qui caractérisent notre vignoble national.

Cette gamme est, en effet, incomparable, vous me permettrez de vous le rappeler. Elle est due à la combinaison des trois éléments qui agissent sur la constitution et les qualités du vin; terrains et cépages sont deux de ces éléments : on peut importer le cépage, trouver un terrain identique à celui de nos grands crus : mais le troisième élément, le climat dont la combinaison aux deux précédents est indispensable, ne peut être mobilisé.

Tous nos grands vignobles français se situent,

depuis la Champagne jusqu'aux bords du golfe de Gascogne, suivant un éventail qui enserre le Plateau central; ils s'étagent sur les coteaux de la Marne, de la Loire, de la Saône, du Rhône et de la Gironde (1). C'est, par excellence, la zone tempérée du climat français, celle dans laquelle se maintient une moyenne constante sans exagération dans les extrêmes de la température et de l'humidité. Dans cette zone, le cépage et la nature du terrain viennent apporter leur

Fig. 17. — Vignobles de la Champagne (Marne) : Moulin de Mailly.

influence dans les types de vin, mais n'en constituent pas seuls la qualité.

Là, vins rouges, vins blancs, vins mousseux, forment un ensemble de grands vins dont la gamme est continue et complète, dont la grande perfection est restée intacte, malgré tous les soubresauts économiques et culturaux qui se sont produits depuis un siècle.

Avec les grands Champagnes, sont inscrits sur les coteaux des bords de la Marne ou de la Vesle les

1. Projections des principaux crus des vignobles français.

noms fameux de Ay, Bouzy, Verzy, Verzenay, Mareuil, Epernay, Avize, Cramant...

Sur les bords de la Loire sont produits ces vins rouges et ces vins blancs si fameux de Chinon, Bourgueil, Joué; puis les grands vins blancs liquoreux et pétillants de l'Anjou, avec la Coulée-de-Serrant, la Roche-aux-Moines, avec les vins mousseux de Saumur et ceux de Vouvray qui, s'ils n'ont pas la perfection des grands Champagnes de la Marne, en rappellent du moins les qualités essentielles.

Fig. 18. — Les vendanges en Champagne.

Aux coteaux de Saône s'étagent les grands vins rouges de la Bourgogne, avec les crus renommés des Romanées, du Clos-Vougeot, les grands vins rouges de Beaune, de Pommard, de Corton, Chambertin, Musigny... et aussi les grands vins blancs de Montrachet, des Charmes, des Gouttes-d'Or, etc.

Le Mâconnais et le Beaujolais donnent des vins rouges plus légers, mais encore distingués. Ils portent sur leurs coteaux granitiques un ensemble très varié de bons vins qui, quoique de seconde gran-

Fig. 19. — Les vendanges en Champagne.

deur, ont une caractéristique spéciale de finesse et de
légèreté. Sur les pentes escarpées des bords du Rhône.
Côte-Rôtie, l'Hermitage, avec leurs vins chauds et
fumeux, rappellent les grands Bourgognes.

Sur les croupes siliceuses du Médoc, des Graves et
de Sauternes, nous retrouvons la série la plus riche
et la plus parfaite de nos grands vins blancs et de nos
grands vins rouges. Il me suffit de citer les grands
noms, en vins rouges, de Château-Laffitte, Château-
Margaux, Château-Latour, Château-Haut-Brion ; ceux,
en vins blancs, du pays de Sauternes, de Château-
Yquem, Château-Suduiraut, Château-La-Tour-
Blanche, Château-Clemens, pour égrener les dia-
mants incomparables de notre couronne viticole.

Fig. 20. — Les vignobles méridionaux. Un vignoble en Camargue.

Celle-ci est encore complétée par les vins de li-
queur du midi de la France, les Muscats et les
Banyuls, qui ne manquent pas de certaines qualités
particulières.

Enfin, je ne saurais oublier, dans ce rappel rapide
de nos richesses viticoles, les crus de l'Alsace et de
la Lorraine ; les vins gris de Lorraine, les vins blancs
de la Moselle sont aussi de grands vins dont une
bonne partie, qui nous avaient été ravis par les

Germains, sont réinscrits à notre patrimoine viticole par nos admirables soldats. Il ne restera aux Boches que les vins fumeux et à bouquet kolossal des coteaux de la rive droite du Rhin.

Mais, si ces vignobles à vins renommés donnent à la France viticole une grande supériorité et une suprématie incontestées par leurs qualités incomparables, nos vins communs des grands vignobles du midi de la France et l'Algérie constituent la base essentielle de sa richesse. Il n'y a sans doute pas de

Fig. 21. — Vendanges dans l'Hérault.

très grands vins dans ces régions, où la culture de la vigne est une grande industrie; mais les vins sains et hygiéniques qu'elles produisent sont la source essentielle à laquelle s'alimente la consommation française, et ils peuvent, après les événements actuels — si la défense des intérêts français est mieux conduite que par le passé — accroître la richesse de la France par l'extension de leur consommation, non seulement dans la masse populaire française, mais aussi dans les pays amis et alliés.

La production mondiale du vin est d'environ 150 à 180 millions d'hectolitres, sur lesquels la production française représente de 50 à 60 millions, soit un tiers, ou même 40 %. A cette production correspond en France une consommation qui n'est pas inférieure à 40 millions d'hectolitres, et qui a déjà atteint 44 millions d'hectolitres, comme consommation taxée, et qui, certainement, avec la consommation non taxée, dépasse 50 millions d'hectolitres. Si cette progression continue en France, il n'est pas douteux que, les années de grande production, à 60 et 65 millions d'hectolitres, la consommation suive la même progression, car déjà, en 1909, on enregistrait une consommation taxée d'environ 49 millions d'hectolitres et une consommation non taxée estimée de 15 à 20 millions d'hectolitres, soit une consommation totale qu'on peut très sûrement fixer à 60 à 65 millions d'hectolitres.

Or, la production moyenne du vignoble français ne paraît pas devoir dépasser ce chiffre, et la consommation toujours ascendante — ainsi que le prouvent les statistiques des dernières années — absorbera en France les productions même les plus fortes que nous ayons obtenues dans ce dernier quart de siècle.

Si, en outre, comme nous l'espérons, la consommation du vin, en ascension progressive en France, s'étend et augmente dans les pays amis et alliés, il n'est pas douteux que l'offre et la demande seront presque toujours en balance et que les graves crises économiques que nous avons subies jadis ne se reproduiront plus. La vente du vin, rémunératrice pour la viticulture, est assurée désormais, et elle ne sera plus enrayée, grâce aux lois sur la fraude, comme elle le fut de 1900 à 1910, par la fabrication artificielle, reléguée pour jamais au pays germain et expulsée avec le Boche au delà du Rhin.

L'extension de la consommation du vin, qui gagne

Fig. 22. — Le vignoble de Château-Chalon (Jura).

le monde entier, s'implante de plus en plus dans deux pays producteurs, l'Italie et l'Espagne, d'où nous aurions pu voir surgir un jour une importation sur le territoire français qui aurait jeté un certain trouble dans la loi de l'offre et de la demande. L'Italie, qui peut produire de 35 à 40 millions d'hectolitres, importait jadis beaucoup de vin en France, avant l'établissement du tarif douanier français. A cette époque, le peuple italien consommait peu de vin. Mais, à la suite des profondes modifications qui se sont produites ces vingt dernières années et qui, pour des causes diverses, ont provoqué un afflux de capitaux dans la péninsule, la consommation du vin s'est accrue. C'est ce que montrent les statistiques et ce que prouvent aussi les hauts prix qu'ont atteints les vins italiens, non seulement en 1915 et en 1916, comme en France, mais ce que confirment aussi les cours élevés qui ont persisté, dans l'Italie du Nord surtout, entre 1900 et 1910. Pendant cette période, les Italiens vendaient, en Lombardie par exemple, leurs vins à 28 francs, malgré des récoltes assez élevées, pendant que la crise économique française maintenait nos cours au-dessous de 10 francs. Notre impression est que l'Italie, victorieuse avec nous, retrouvera sa prospérité et que le vin qu'elle produira sera nécessaire à sa consommation et ne viendra jamais gêner le développement économique de la viticulture française.

Quant à l'Espagne, dont la production maxima est de 30 millions d'hectolitres, et dont la moyenne ne s'élève le plus souvent pas au-dessus de 20 millions d'hectolitres, les droits de douane (sauf les années à prix exceptionnels comme celle-ci) réduiront la concurrence possible qu'elle pourrait nous faire par l'exportation sur notre marché, où elle ne pourrait pas d'ailleurs avoir la prétention de demander des faveurs lors des prochains traités de commerce. La production du Portugal ne doit pas être un épouvantail pour le vignoble français, car elle ne dépasse pas généralement 4 ou 5 millions d'hectolitres; et l'importation ne peut être avantageuse pour nos alliés qu'avec les

très hauts cours exceptionnels qui ont régné en 1915-
1916 sur le marché français.

En tout cas, nous ne devrons pas, dans les prochaines conventions commerciales entre alliés, renoncer à l'arme défensive que nous donnent les droits
de douane ; il faudra les maintenir, même si on doit
les rendre plus souples. Malgré les espérances que
nous venons d'énoncer, il faut toujours prévoir une
année de surproduction exceptionnelle; et les moyens

Fig. 23. — Le vignoble lorrain et Pont-à-Mousson.

de maintenir une situation économique normale,
moyens que nous trouverons toujours dans les tarifs
douaniers, ne doivent pas être abandonnés.

Les droits intérieurs qui grèvent le vin en France
ont, par les dernières lois, au moment de la suppres-
sion des droits d'octroi, été ramenés à un taux, accep-
table pour tous, de 1 fr. 50 par hectolitre. Il n'est pas
douteux que le vin devra payer aussi la rançon de la
terrible guerre qui nous a été imposée ; mais il ne

faudrait pas exagérer, comme on semble disposé à le faire, l'augmentation des droits. Les viticulteurs s'inclineraient devant la nécessité patriotique de voir les droits actuels doublés et être ramenés à 3 francs. Les porter, comme on le propose, à 5 francs ou davantage serait compromettre peut-être l'avenir. Ces droits à 5 francs seraient acceptables aux cours actuels, de 70 à 75 francs sans doute, et même aux cours de 40 ou 50 francs l'hectolitre ; mais ce sont là des prix

Fig. 24. — Le vignoble des environs de Mulhouse.

exceptionnels dus à l'anéantissement de la récolte de 1915 par les parasites (18 millions d'hectolitres contre une production normale et moyenne de 50 millions d'hectolitres). Lorsque nous reviendrons aux cours normaux de 20 francs, 15 francs, et même 10 francs les années de surproduction, si les impôts grevaient le vin de 5 ou 6 francs par hectolitre, ce serait une charge de 50 %, charge absolument inacceptable.

La culture de la vigne était déjà, avant la guerre, une culture coûteuse ; les dépenses de 1.000 francs à

1.500 francs par hectare pour les vignobles de vins communs n'étaient pas une exception ; les prix de revient dépassaient souvent 10 et 12 francs l'hectolitre pour les vins ordinaires et un prix bien plus élevé, bien entendu, pour les grands vins. La culture de la vigne est devenue, à la suite surtout des invasions des maladies, une culture très délicate qui demande des soins soutenus et de grosses dépenses annuelles pour défendre le précieux végétal contre ses ennemis.

Fig. 25. — Vignoble des environs de Colmar (le Kaysersberg).

Mais, comme toutes les autres cultures, et bien plus qu'elles encore, la culture de la vigne va se trouver aux prises avec les grosses difficultés de la main-d'œuvre. Le nombre de journées pour cultiver un hectare de vigne est jusqu'à cinq et dix fois plus élevé que le nombre de journées nécessaires pour les autres plantes de grande culture, d'où multiplication des difficultés, d'où aggravation des dépenses, d'où par conséquent augmentation encore du prix de revient, et nécessité, par conséquent, de ne pas venir aggraver ce prix de revient par des impôts intérieurs intempestifs.

Les viticulteurs ne s'illusionnent pas sur les grosses difficultés de main-d'œuvre qu'ils vont avoir à résoudre, mais ils ont la conviction aussi de les surmonter, comme ils ont surmonté toutes les autres difficultés culturales et économiques. Il leur sera cependant plus difficile qu'en grande culture de pourvoir à ce défaut de main-d'œuvre par les appareils de culture mécanique. La motoculture est d'une réalisation autrement délicate et autrement difficile pour la vigne que pour le froment ou les prairies. Mais ils ont foi dans le génie et l'esprit d'initiative de nos constructeurs d'instruments viticoles, et ils espèrent qu'ils finiront, tôt ou tard, par doter la viticulture d'un appareil pratique de motoculture.

*
* *

L'avenir leur apparaît donc, de ce côté, moins sombre que ne pourraient l'entrevoir les autres agriculteurs pour la grande culture. Ils ont même confiance que des événements terribles qui se produisent actuellement en Europe sortiront des enseignements hygiéniques et économiques qui auront une très grande influence sur l'extension de la consommation du vin, surtout du vin français, dans tous les pays.

Nos amis les Belges, les Anglais, les Russes auront reconnu quel effet moral et physique, quelle valeur hygiénique a le vin pour leurs soldats. Ils auront appris aux armées à en connaître les mérites sociaux. Les armées apporteront dans leur pays, avec la victoire, l'habitude hygiénique de la consommation du vin et la saine appréciation de sa valeur pour la santé morale et physique. Il n'est pas douteux que l'avenir, lorsque la paix triomphante sera établie, s'annonce plein d'espérances pour la viticulture.

Les pays où jadis l'on appréciait tant nos grands vins, comme la Belgique, l'Angleterre, la Russie, reprendront leurs habitudes passées ; ils s'adresseront à nos grands crus, lorsque leur prospérité matérielle aura été rénovée et reconquise. Ils n'hésiteront pas à

l'avenir à avoir recours à nos grands vins rouges,
que Belges et Anglais appréciaient tant, à ces grands
vins de Champagne que Russes et Anglais recher-
chaient dans leurs plus grands crus, en artistes du
goût. Et la victoire nous donnera enfin le pouvoir
d'imposer à tous, et surtout aux grands fraudeurs
qu'étaient les Boches, la reconnaissance et le respect
de nos marques d'origine, base de la défense indispensable et certaine de nos merveilleux produits. La
convention de Madrid sera une obligation du traité

Fig. 26. — Le vin au front. Départ du vin d'un centre de dépôt
pour la gare voisine.

de paix; et, disparaîtront enfin du monde entier ces
vins frelatés, couverts de nos étiquettes françaises,
qui sortaient des usines boches.

La consommation de nos grands vins ne peut donc
que s'étendre; mais elle s'étendra surtout lorsque
sera garantie leur honnêteté d'origine, si nous obte-
nons enfin de nos amis qu'ils accordent à une des
productions les plus françaises et les plus caractéris-
tiques même, dirons-nous, du génie français, la justice, sinon la faveur, que nous aurons le droit amical

d'invoquer. Il faudrait que Belges et surtout Russes et Anglais ne grèvent pas, soit à la frontière, soit surtout par des droits fiscaux intérieurs, nos grands vins, aussi bien que nos vins communs, de frais tels que leur consommation en soit impossible sur leur territoire, de droits tels qu'ils représentent parfois deux et trois fois la valeur marchande du produit. Cette justice, nos amis nous l'accorderont, nous l'espérons. Mais il faudrait, pour cela aussi, que dans les tractations prochaines qui auront lieu pour les futurs traités de commerce ou les futures conventions interalliées, le vin ne serve pas, comme cela a été trop souvent le cas, à nos gouvernants, de rançon pour ces traités. Espérons que la France saura enfin reconnaître que nous avons, dans le vin français, un élément d'exportation considérable et un produit qui ne sera jamais une cause de concurrence pour les pays étrangers non producteurs. Et, si ces espérances se réalisent, notre viticulture française connaîtra des jours prospères dans un avenir assuré.

D'ailleurs, à ne considérer que l'action bienfaisante et hygiénique du vin, il est de tout intérêt pour les pays non viticoles, comme le sont l'Angleterre, la Belgique et la Russie, de développer la consommation du vin, par suite de favoriser son importation par la réduction soit des droits de douane, soit des droits intérieurs. Il est de l'intérêt de ces pays de favoriser non seulement la consommation des vins de qualité, mais aussi — nous dirions presque surtout — la consommation des vins communs. Le vin, en effet, a une valeur hygiénique que les événements actuels ont bien mise en lumière. Le vin est aussi le plus puissant levier de lutte contre l'alcoolisme.

Je ne voudrais pas m'étendre sur cette question, mais il me sera bien permis de résumer quelques arguments qui prouvent la haute valeur hygiénique de notre boisson nationale. Ce n'est d'ailleurs pas le lieu de développer ici les arguments en faveur du vin, tant au point de vue de l'hygiène générale qu'au point de vue thérapeutique.

L'ostracisme irréfléchi que les médecins avaient

porté, il y a quelques années, contre le vin, plutôt par snobisme que par devoir professionnel, s'atténue peu à peu, et ce résultat est dû à l'énergie et à l'honnêteté scientifique de certaines hautes personnalités médicales qui n'ont pas craint d'aller à l'encontre des modes étrangères et antifrançaises qui avaient pénétré peu à peu le corps médical. Ces hautes personnalités sont revenues au vrai principe de l'hygiène par le vin, que les anciens médecins français

Fig. 27. — Le vin au front. Déchargement du vin à une gare de l'avant.

avaient toujours considéré comme le meilleur élément nutritif pour l'homme, comme un des meilleurs stimulants pour bien des maladies et pour toutes les convalescences. La vieille bouteille de « derrière les fagots » faisait toujours partie de la thérapeutique de la convalescence: elle n'avait été abandonnée que par suite d'une mode stupide qui, du milieu médical, avait gagné peu à peu les tables des familles françaises, dans lesquelles on croyait cependant s'honorer jadis en perpétuant, avec le goût du vin, les vieilles traditions de la cuisine nationale. Et on avait vu, peu à peu, dans les dîners les plus officiels, comme dans les dîners les plus intimes et les plus familiaux, s'établir des habitudes d'autres races, et le vin, même les vins de nos grands crus, disparaître des tables qui s'honoraient le plus de maintenir les traditions de l'hospitalité française. L'eau minérale régnait en maîtresse incontestée; et, comme elle ne procurait aux fonctions digestives aucun bien-être ni aucun réconfort, les modes boches, anglo-saxonnes, s'infiltraient peu à peu, et l'alcool d'industrie, le whisky, devait relever le fade goût de l'eau minérale aux sources multiples et aux noms brillants.

La grande propagande, d'ailleurs extrêmement habile, faite par les Compagnies de ces eaux, la lutte sournoise favorisée par elles contre le vin, les grands moyens de réclame directe ou indirecte qu'elles ont à leur disposition, avaient peu à peu gagné à leur cause bien des Français qui ne soupçonnaient pas les buts et l'origine de cette propagande antinationale.

Nos soldats sur le front auront sabré définitivement cette mode, antifrançaise dans ses bases et dans son action. Les personnalités médicales qui ont le mieux suivi, d'une façon indépendante, les effets hygiéniques et thérapeutiques du vin ont fini par reprendre en main la défense de la bonne cause de notre boisson nationale et par rappeler l'attention sur les vrais mérites hygiéniques du vin. Les docteurs Armand Gautier, Landouzy, Laborde, Charrin, etc., ont remis à nouveau en relief la vraie valeur alimentaire et hygiénique du vin, ses mérites comme aliment nervin et reconstituant, son action antialcoolique. Des recherches récentes sont venues confirmer, d'une façon scientifique, la valeur microbicide qu'avait le vin comme antityphique lorsqu'il était mélangé aux eaux polluées par le bacille d'Eberth.

Je ne puis résumer les nombreux travaux sur cette valeur alimentaire et hygiénique du vin, je ne puis que les rappeler. Le vin n'est pas une simple dilution d'eau et d'alcool, comme le disent trop souvent les Ligues antialcooliques; il renferme, à côté de l'alcool,

une matière colorante complexe où les substances
organiques unies aux corps phosphorés et aux principes albuminoïdes en font un aliment de première
valeur, tant au point de vue nutritif général qu'au
point de vue de son utilité directe pour le système

Fig. 28. — Le vin au front. Un convoi de camions automobiles porte,
sur les Vosges, les approvisionnements et le « pinard » aux lignes du
front.

nerveux. Le vin est encore un condiment nervin qui,
en excitant le système nerveux, ne le fatigue pas et
ne l'annihile pas par la suite, comme le font les liqueurs ou les mélanges alcooliques à base exclusive
d'alcool plus ou moins parfumé. Le vin facilite la
digestion en excitant les sécrétions, et il a un effet

4

direct sur toutes les fonctions de l'organisme qu'il
rend plus résistant à l'invasion des diverses maladies
parasitaires et aux troubles physiologiques.

Son action est bien différente de l'excitation pas-

Fig. 29. — Le vin au front. La préparation du vin pour l'expédition
aux premières lignes.

sagère que donnent le thé et le café, par exemple, qui,
par les alcaloïdes qu'ils renferment, provoquent une
fausse excitation et n'apportent rien d'alimentaire

dans les boissons qu'ils composent. On est surpris de
voir certains médecins, encore aujourd'hui, interdire
le vin et conseiller, par contre, le thé en mangeant
ou l'eau coupée de whisky. Ce sont des prescriptions
qui vont à l'encontre du principe médical qu'ils pou-
suivent, si vraiment un principe les dirige. Il faut
reconnaître, d'ailleurs, que si ces médicastres ont
une certaine autorité, une certaine influence dans les
milieux des snobs, ils n'ont jamais eu prise, par leurs
ordonnances, ni sur nos paysans, ni sur nos ouvriers

Fig. 30. — Le vin au front. Distribution du vin pour les tranchées.

français, pour lesquels la tradition de la valeur alimentaire du vin reste toujours aussi vénérée que par
le passé.

Si cette lutte contre le vin semblait présenter un
semblant de raison, de la part de certains médecins
irréfléchis qui se laissaient entraîner par une mode
partie de certaines chaires, combien elle est incom-
préhensible de la part des Ligues antialcooliques! Et
quelle erreur de conception les a-t-elle toujours diri-
gées dans la poursuite du but louable qu'elles avaient

en vue! Ces Ligues antialcooliques ont exagéré leur propagande et leur action contre le vin, rarement d'une façon directe et trop souvent d'une façon sournoise. Hypnotisées par l'idée qui les hantait, elles ont vu, dans toute boisson où existait la moindre parcelle d'alcool, l'ennemi à terrasser; et elles ont traqué le vin comme toutes les dilutions alcooliques. Elles auraient dû cependant se laisser diriger par l'étude des faits et ne pas ignorer cette grande vérité que le meilleur moyen de lutte contre l'alcoolisme a toujours été et est encore l'usage du vin pur, du vin hygiénique. Elles auraient dû ne pas oublier surtout que la caractéristique du génie d'une race est le résultat physique aussi bien que psychologique d'un ensemble de faits, de traditions et d'habitudes qui, par leur amalgame, donnent une résultante qui constitue aussi bien la race que le génie de cette race.

Le vin a été un des éléments formateurs de la race française. C'est lui qui, encore aujourd'hui, oppose, comme toujours, la meilleure barrière au développement de l'alcoolisme. Les Ligues antialcooliques en ont des exemples frappants et continus sous les yeux.

Les pays où l'on boit le plus d'alcool sont les pays non viticoles où la consommation du vin est une exception. Ainsi la consommation, par tête d'habitant, est de 11 lit. 86 d'alcool pur dans la Seine-Inférieure, 9 lit. 13 dans le Calvados, 9 lit. 15 dans la Somme, 7 lit. 83 dans le Pas-de Calais, 7 lit. 80 dans l'Oise, 7 litres dans l'Eure et dans la Manche, 6 lit. 55 dans l'Aisne, 5 lit. 33 dans le Finistère, 5 lit. 19 en Seine et-Oise. Or, dans nos régions viticoles, cette consommation s'abaisse à 1 litre dans la Gironde, à 0 lit. 60 dans le Gers (pays où cependant l'on produit des eaux-de-vie), à 0 lit. 68 dans les Landes, à 0 lit. 69 dans le Lot-et-Garonne.

Si l'on compare entre eux les pays d'Europe au point de vue de la consommation entière, on note aussi que, dans les pays non viticoles, la consommation de l'alcool y est beaucoup plus élevée que dans les pays où l'on cultive la vigne. Dans l'Allemagne du

Nord, la consommation par habitant et par an est de
8 lit. 25; dans le Danemark, de 8 lit. 85; dans la
Hollande, de 4 lit. 59; dans la Belgique, de 4 lit. 50;
dans la Suède, de 4 lit. 13. Au contraire nous trou-
vons en Italie une consommation de 1 litre; de 2 litres

Fig. 31. — Aux sommets des Vosges (V. A...), en pleines neiges, la
provision de vin est à l'abri du regard des avions dans un camion
automobile camouflé.

en Espagne; de 2 lit. 10 en Portugal; et si nous englo-
bons les départements viticoles français les plus im-
portants nous constatons que la consommation pour
l'ensemble de ces départements viticoles ne donne pas

1 lit. 90, pendant qu'elle est, pour l'ensemble de la France, de 4 litres et, pour les pays non viticoles du nord de la France, de 7 litres.

Devant la brutalité de ces chiffres, il semble que les Ligues antialcooliques auraient dû prendre en main la défense du vin et trouver l'arme principale contre l'alcool dans une diffusion de plus en plus grande de tous nos crus. C'est ce qu'a fait d'ailleurs la Suisse qui, par des lois bien comprises et toutes récentes, a pu refouler la consommation de l'alcool en favorisant celle du vin, au point de faire diminuer la consommation de l'alcool de 30 %. D'ailleurs, nos départements méridionaux n'ont connu les dangers et les effets de l'alcoolisme qu'au moment de la crise phylloxérique, lorsque le vin a disparu. C'est à ce moment-là que l'absinthisme a surgi et s'est implanté dans ces populations. C'est aussi au moment où, de la table et du comptoir du marchand de vin, disparaissait dans les grandes villes, le verre de vin, le « canon », que prenaient place l'alcool parfumé et la « purée septembrale » de l'absinthe.

Qu'il me soit permis de citer un fait de statistique, dû à un des grands viticulteurs de Chablis qui fut maire de la ville pendant près d'un tiers de siècle. Avant la disparition du vignoble de l'Yonne, on n'avait à enregistrer, dans la grande commune de Chablis, qu'un seul procès-verbal pour ivrognerie par mois ; quand le vin disparut de la contrée, que les ouvriers recherchèrent dans l'alcool le souvenir trompeur du vin, les procès-verbaux pour ivrognerie augmentèrent à un point que les statistiques notaient en moyenne un procès-verbal par jour pour ivrognerie.

Je pourrais multiplier ces exemples. D'ailleurs, il est un fait de statistique générale dont je ne veux pas tirer une conclusion absolue, mais que je dois cependant rapporter. Jusqu'en 1870, l'alcoolisme n'avait pas pris l'extension effrayante qu'il a eue après 1890. Or, la fabrication de l'alcool industriel était en France, en 1860, de 873.000 hectolitres ; en 1869, de 1.500.000, et, en 1906, de 3.500.000. C'est de 1870 à 1900 que cette fabrication a été surtout intensifiée, et elle a coïncidé avec la période où le vignoble a disparu ; c'est à ce moment-là aussi que l'alcoolisme a pris des proportions de plus en plus désastreuses.

La conclusion ressort donc d'elle-même. C'es' au

Fig. 32. — Le vin au front. La barrique, entre deux charges de foin, est montée aux sommets les plus escarpés des Vosges.

moment où le vin disparaissait que l'alcool l'a remplacé, que le fléau de l'alcoolisme s'implantait en France et que les débits se multipliaient, surtout dans les régions à alcool industriel. Si, d'ailleurs, nous généralisons encore davantage, nous verrons que ce sont les pays de tempérance les plus ardents, dans lesquels la lourde ivrognerie est le plus intense. Ceux qui ont parcouru certaines régions américaines, où la tempérance est régie par les lois les plus draconiennes, n'ignorent pas que c'est là aussi où l'ivrognerie est le plus fréquente, quoique la plus honteuse. Et ce sont cependant des pays où la boisson ordinaire est l'eau minérale ou de source ; et ces pays ne font pas mentir le vieux dicton : « Les méchants sont buveurs d'eau ». Nul doute qu'en Amérique, aussi, si les Ligues antialcooliques s'étaient servies de la seule arme efficace qu'est le vin contre l'alcoolisme, elles n'eussent enrayé le fléau que toutes leurs lois n'ont pu arrêter, ni même réduire.

*
* *

Tous les mérites, toutes les vertus du vin auront été mis en un relief saisissant par nos merveilleux soldats, et la guerre aura été pour le vin la meilleure démonstration de sa valeur alimentaire et hygiénique.

Déjà, pendant la guerre gréco-turque et gréco-bulgare, on avait relevé les bienfaits du vin sur les troupes. On avait noté que certaines formations, dans les plaines ou dans les montagnes de la Macédoine ou de l'Epire, avaient été moins atteintes par les diverses maladies typhiques ; ces soldats avaient été alimentés, comme boisson, par du vin toujours coupé d'eau ou par du vin pur. Les officiers grecs — et leurs dires ont été contrôlés d'une façon précise par des médecins — avaient aussi observé que les troupes qui recevaient des rations de vin étaient plus résistantes à la fatigue, plus énergiques et d'une activité guerrière plus soutenue.

Ces premiers indices viennent d'être vérifiés sur tout le front français. Et, lorsque nos officiers veulent obtenir de leurs merveilleux soldats un supplément d'effort, ils le demandent, surtout et d'abord, à

leur courage et à leur foi patriotique, mais ils savent
aussi que le vin, s'il n'intensifie pas le moral, maintient du moins leurs forces physiques et leur ardeur
musculaire. En outre — et je n'ai pas ici à rapporter
les nombreux faits qui le prouvent — de très nom-

Fig. 33. — Le vin au front. Un « cui-tot » porteur de vin
aux premières tranchées.

breuses constatations ont été faites par les médecins
militaires du front, qui prouvent que, quand la ration
de vin donnée au soldat est régulière, les maladies
intestinales, graves ou légères, la dysenterie, la sen-
sibilité au froid et par suite aux rhumes et aux bron-

chites, sont fortement atténuées. Les soldats récla-
ment, sur tous les fronts, dans toutes les armées, la
ration de vin, et il est fort regrettable que les circonstances n'aient pas permis à l'Intendance de donner

Fig. 34. — Le vin au front, Le « cuistot », camouflé contre les regards
des avions, porte le « pinard » aux premières tranchées dans la neige
au sommet des Vosges.

partout et toujours la ration d'au moins un demi-
litre de vin par jour. Cette ration n'a pas dépassé,
dans l'ensemble de nos armées, un quart de litre, et
ce n'est que dans diverses compagnies que, sur l'ordinaire, on a complété cette ration à un demi-litre, sauf

cependant sur les sommets neigeux du front où la ration régulière a été portée à un demi-litre.

La preuve de la valeur alimentaire du vin, et de la nécessité pour le soldat aux armées de le consommer, se retrouve à chaque pas, dans tous les corps de troupes. Il est même un fait que nous devons noter, et qui vient à l'appui de tout ce que nous disons. Les soldats originaires des régions non viticoles, non habitués à boire du vin, et aussi ceux qui avaient l'habitude de boire du cidre ou de la bière, quand ils ont eu pris l'habitude de consommer du vin, ne sont revenus au cidre que contraints et forcés. Bien plus, les essais faits dans nos armées pour le cidre ont donné des résultats mauvais; il a fallu presque toujours y renoncer à cause des effets qu'avait le cidre sur les intestins. Un autre fait non moins intéressant est à relever aussi pour l'armée anglaise, dans laquelle les soldats, comme nos poilus français, ont vite pris l'habitude de boire du vin et l'ont considéré comme indispensable pour leur alimentation régulière. Officiers français, officiers anglais, ont, comme les officiers belges, reconnu et affirmé les mérites alimentaires et hygiéniques du vin pour les armées en campagne. Il n'est pas douteux que l'habitude qu'auront prise nos alliés de la consommation du vin sur le front des armées, ils la garderont après la victoire. Le réconfort qu'ils auront trouvé dans le vin sur les champs de bataille, l'action bienfaisante qu'ils en auront retirée pendant les durs combats, ils continueront à les rechercher dans le vin, dont ils seront des propagateurs convaincus, une fois retournés victorieux dans leurs foyers (1).

Encore un fait, en faveur du vin, recueilli dans nos armées. Ce n'est pas trahir un secret que de dire que, dans des circonstances spéciales, on donne à nos troupes, surtout en hiver dans les régions froides, et aussi avant certaines batailles, de l'alcool (la gniole) qui procure une excitation passagère. C'est malheureusement le plus souvent un vulgaire alcool d'in-

(1) Projections de la distribution du vin sur le front.

dustrie, parfumé avec des produits chimiques qui n'ont rien d'hygiénique. Nous connaissons une initiative où, dans les régions froides des sommets des Vosges, un jeune médecin militaire a remplacé cet alcool par le vieux verre de vin chaud et sucré de nos grand'mères. Aux soldats qui allaient aux tranchées, à ceux qui devaient accomplir de gros travaux physiques, un verre de vin chaud et sucré remplaçait avantageusement l'alcool, n'abrutissait pas les *poilus*, maintenait pendant un temps bien plus long l'ardeur physique et morale, et accentuait la résistance au froid et à la dépression.

La plus belle défense et la meilleure propagande pour le vin auront été faites par nos soldats sur le front des armées ; la victoire qu'ils remporteront contre le Boche, ils l'auront conquise aussi pour le vin, et ils auront servi encore la France en mettant sur le pavois notre boisson nationale.

Ils auront, avec Jean Richepin, invoqué le vin, comme l'invoquait le poète quand, pour répondre à la demande de la Ligue antialcoolique, il ne trouvait de meilleure arme à conseiller pour combattre l'alcoolisme que de chanter le vin dans ces beaux vers :

O peuple, fils du sol où croît la sainte vigne,
Garde ton culte pour le vin ; il en est digne.
Garde ton culte pour le vin, mais pour lui seul !
Bois-en, comme en buvait gaiement ton grand aïeul,
Celui qui promulgua, dans un coup de tonnerre,
L'Evangile du Ciel révolutionnaire.

. . . .

Oh ! oui, comme alors, peuple, ouvrier, paysan,
Aime-le, ce bon vin de ta vigne, et bois-en,
Comme il en buvait, lui, quand au ciel de fournaise
Sur des ailes de feu planait la *Marseillaise*,
Et qu'il avait besoin pour se désembraser,
De verser dans son cœur la fraîcheur d'un baiser,
Ce baiser du beau sang clair que la vigne pleure.
C'est elle, et le soleil, et la terre, qu'il fleure :
Béni soit-il, ce vin français qu'on nous envie,
Vin de foi, vin d'amour, vin d'espoir, vin de vie.

. . . .

Et encore :

Et s'il vous faut, parmi vos labeurs écrasants,
O peuple dont je suis, ouvriers, paysans,
S'il vous faut, pour avoir plus de cœur à l'ouvrage,
Le coup de riquiqui fouettant votre courage,
Buvez-en à long trait le réconfort divin,
Dans le rouge baiser, frais, d'un verre de vin.

. . . .

Fig. 35. — Attendant, à côté de leur cagna, au sommet des Vosges
cagna « Coulazou »), le passage des troupes de relève et des artilleurs
pour la distribution d'une ration de vin chaud.

Ayons foi, espoir que les grands vins français de
1916 fêteront la Grande Victoire de nos sublimes et
glorieux soldats au Pays de France et aux Pays amis
et alliés !

«Clos Vougeot».

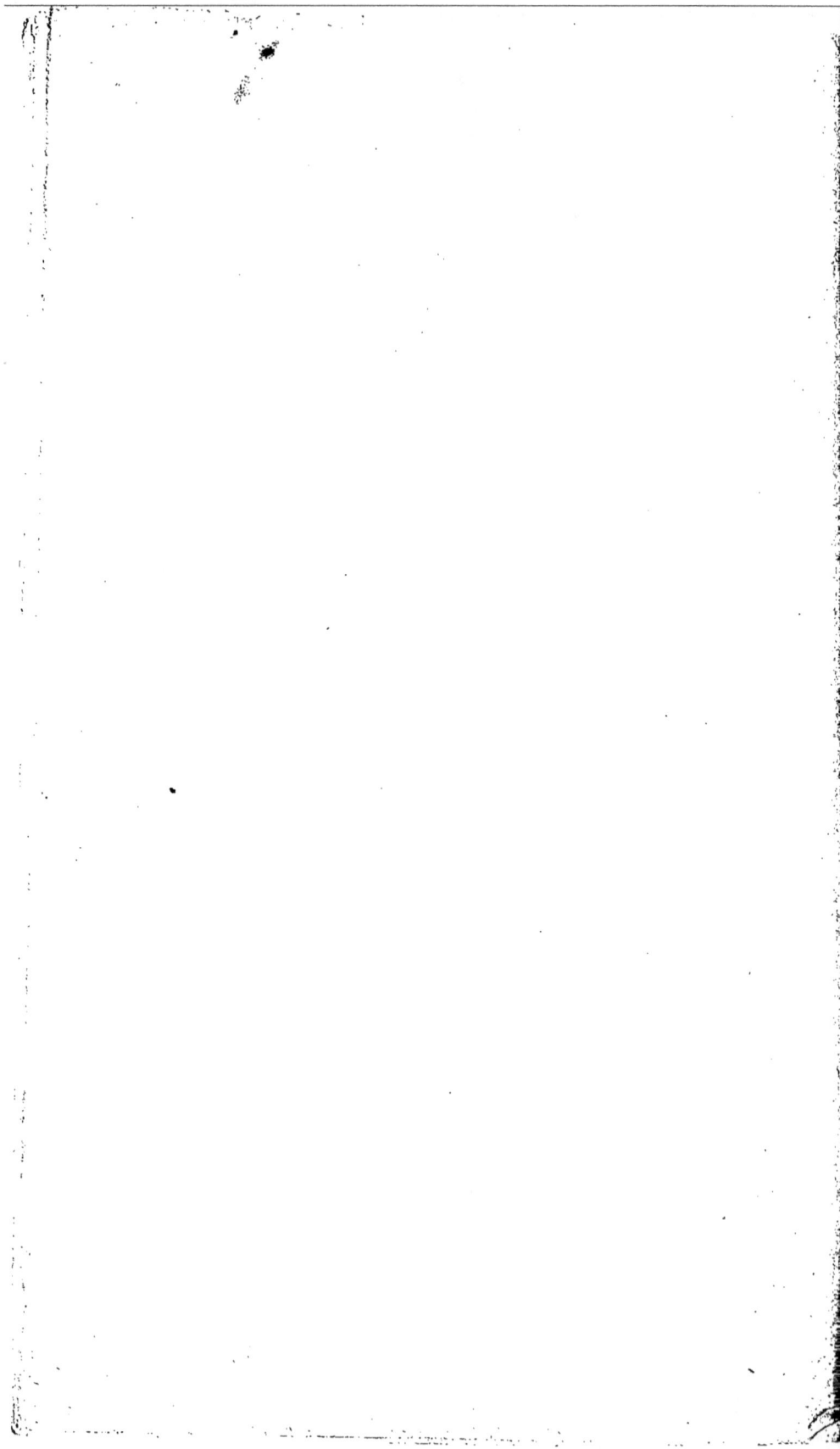

B) L'Association stimule les efforts des chercheurs en leur fournissant, sous forme de subventions, une partie des ressources nécessaires à la poursuite de leurs travaux.

Le montant des subventions ainsi accordées depuis la fondation atteindra prochainement un million de francs.

C) Le Congrès de l'Association crée, chaque année, dans la région où il se tient, une agitation scientifique des plus salutaires : ce sont d'abord les Sociétés locales qui y présentent leurs travaux et leurs collections : quelques-unes organisent même des expositions des plus instructives. L'occasion est, en outre, offerte à chaque Membre du Congrès de se rencontrer avec d'autres chercheurs français ou étrangers, d'échanger des idées, de recueillir des opinions et, au besoin, des conseils, ce qui est bien la plus heureuse fortune qui puisse échoir à un travailleur de province trop souvent isolé. Il faut ajouter que l'organisation des visites locales et des excursions permet de voir, sous la direction des guides les plus compétents, les sites curieux des environs, de même que les installations commerciales ou industrielles dont l'accès est parfois difficile au visiteur isolé.

Les travaux du Congrès sont publiés en deux volumes qui sont adressés à tous les Membres de l'Association. Ceux qui ont la bonne fortune d'assister au Congrès reçoivent, en outre, du Comité local, un ouvrage souvent édité avec luxe, qui est une sorte de mise au point de l'histoire de la ville et de la région avoisinante.

.·.

L'Association Française, qui comprend vingt-deux sections, depuis les Mathématiques jusqu'à la Psychologie expérimentale et aux Sciences historiques, a puissamment contribué au relèvement de la Patrie, par l'œuvre des quarante-trois Congrès organisés depuis 1872. Mais son ambition est sans bornes : c'est l'accroissement indéfini du patrimoine scientifique et industriel de la France.

Quand les armées victorieuses des Alliés auront obligé nos ennemis à déposer les armes, la lutte se poursuivra sur le terrain économique. Pour la préparer, il faut assurer la coopération des savants et des hommes pratiques. C'est ainsi seulement que cet accroissement d'activité, qui doit être la conséquence de la victoire, aura son plus grand effet. Les savants et les praticiens devront s'ignorer de moins en moins; l'Association Française les sollicite à participer à l'œuvre commune en leur donnant les moyens de se rencontrer dans les Conférences et dans les Congrès, dans les visites et excursions qu'elle organise chaque année.

Aux Sociétés scientifiques, aux professeurs, aux ingénieurs, aux industriels, aux commerçants, aux économistes, à tous ceux qui veulent la prospérité et la grandeur de la Patrie, l'Association Française adresse le plus pressant appel. Nous ne serons jamais trop nombreux pour accomplir l'œuvre d'union, de concorde et de travail que nous imposera, demain, le triomphe définitif des défenseurs de la civilisation.

Pour toute demande de renseignements, prière d'adresser la correspondance à M. A. DESGREZ, Secrétaire du Conseil, 28, rue Serpente, Paris.

REVUE

DE

VITICULTURE

JOURNAL DE LA VITICULTURE FRANÇAISE ET MONDIALE

FONDÉE ET DIRIGÉE PAR

P. VIALA

Membre de l'Académie d'Agriculture de France, Docteur ès sciences
Professeur de Viticulture à l'Institut National Agronomique,
Membre du Conseil supérieur de l'Agriculture,
Inspecteur Général de la Viticulture,
Propriétaire-Viticulteur.

───────♦───────

RÉDACTEUR EN CHEF : Raymond BRUNET
Ingénieur agronome, Propriétaire-Viticulteur.

───────♦───────

VINGT-TROISIÈME ANNÉE — 1916

La REVUE paraît tous les JEUDIS et publie de nombreuses figures
et planches en couleurs.

ABONNEMENTS

France : Un an, 15 fr. ; à domicile, 15f50. — Étranger : 18 fr. — Le numéro

───────♦───────

BUREAUX DE LA REVUE : 35, BOULEVARD SAINT-MICHEL — PARIS

PARIS. — IMPRIMERIE LEVÉ, 17, RUE CASSETTE.